Heinz Jung / Rolf Schmidt

Formelsammlung Mathematik 3

Trigonometrie

Regeln – Erläuterungen – Beispiele

Cornelsen

Die Deutsche Bibliothek – CIP-Einheitsaufnahme

Jung, Heinz:

Formelsammlung Mathematik / Heinz Jung. – Berlin : Cornelsen
(Fachwissen kompakt) 2. – 1. Aufl., 1. Dr. – 1998
ISBN 3-464-49757-7

1. Auflage ✔   Druck 4 3 2 1   Jahr 01 2000 99 98

Das Werk und seine Teile sind urheberrechtlich geschützt.
Jede Verwertung in anderen als den gesetzlich zugelassenen Fällen bedarf deshalb
der vorherigen schriftlichen Einwilligung des Verlages.

Druck: Lengericher Handelsdruckerei, Lengerich/Westfalen

ISBN 3-464-49757-7
Bestellnummer 497577

gedruckt auf säurefreiem Papier, umweltschonend hergestellt aus chlorfrei gebleichten Faserstoffen

Inhaltsverzeichnis

1. Einheiten 3
2. Griechisches Alphabet 3
3. Mathematische Zeichen (Symbole) 4
4. Winkel, Winkelmaße 7
5. Winkelfunktionen im rechtwinkligen Dreieck 9
6. Die Graphen der Winkelfunktionen 15
7. Die allgemeine Sinusfunktion ... 16
8. Überlagerung von Sinusfunktionen 20
9. Additionstheoreme 21
9.1 Funktionen der Summe und Differenz zweier Winkel 21
9.2 Funktionen von Vielfachen eines Winkels 21
9.3 Funktionswerte von Teilen eines Winkels 22
9.4 Summen und Differenzen trigonometrischer Funktionen 23
9.5 Produkte trigonometrischer Funktionen 23
9.6 Funktionswerte für drei Winkel ... 24
9.7 Potenzen trigonometrischer Funktionen 25
10. Berechnung des schiefwinkligen Dreiecks 25
11. Die Arcusfunktionen 35
11.1 Die Graphen der Arcusfunktionen 35
11.2 Zusammenhang zwischen den Arcusfunktionen 37
11.3 Summen und Differenzen von Arcusfunktionen 38
11.4 Arcusfunktionen negativer Argumente 38
12. Winkelfunktionen und komplexe Zahlen 39

1. Einheiten

Eine Einheit ist eine aus der Menge gleichartiger Größen ausgewählte und festgelegte Bezugsgröße für die quantitative Darstellung einer physikalischen Größe. Die heute gültigen Basiseinheiten des SI-Systems sind:

Basisgröße	Formelzeichen (DIN 1304)	SI-Basiseinheiten	SI-Einheitenzeichen
Länge	l	Meter	m
Masse	m	Kilogramm	kg
Zeit	t	Sekunde	s
Elektrische Stromstärke	I	Ampere	A
Temperatur (thermodynamische Temperatur)	T	Kelvin	K
Lichtstärke	I	Candela	cd
Stoffmenge	n	Mol	mol

Dezimale Vielfache und Teile von Einheiten

Basiseinheit multipliziert mit	Vorsatz	Vorsatz-zeichen	Basiseinheit multipliziert mit	Vorsatz	Vorsatz-zeichen
10^{12}	Tera	T	10^{-1}	Dezi	d
10^{9}	Giga	G	10^{-2}	Zenti	c
10^{6}	Mega	M	10^{-3}	Milli	m
10^{3}	Kilo	k	10^{-6}	Mikro	µ
10^{2}	Hekto	h	10^{-9}	Nano	n
10	Deka	da	10^{-12}	Piko	p

Beispiel: 1 kg = 1 Kilogramm = 10^3 Gramm

2. Griechisches Alphabet

Alpha	Beta	Gamma	Delta	Epsilon	Zeta	Eta	Theta	Jota	Kappa	Lambda
$A\ \alpha$	$B\ \beta$	$\Gamma\ \gamma$	$\Delta\ \delta$	$E\ \varepsilon$	$Z\ \zeta$	$H\ \eta$	$\Theta\ \vartheta$	$I\ \iota$	$K\ \varkappa$	$\Lambda\ \lambda$

My	Ny	Xi	Omikron	Pi	Rho	Sigma	Tau	Ypsilon	Phi	Chi	Psi	Omega
$M\ \mu$	$N\ \nu$	$\Xi\ \xi$	$O\ o$	$\Pi\ \pi$	$P\ \varrho$	$\Sigma\ \sigma$	$T\ \tau$	$Y\ \upsilon$	$\Phi\ \varphi$	$X\ \chi$	$\Psi\ \psi$	$\Omega\ \omega$

3. Mathematische Zeichen (Symbole) DIN 1302, 5473

Zeichen (Symbol)	Bedeutung	Beispiel, Erläuterung, Verwendung
$+$	plus, und	$3 + 4 = 7$
$-$	minus, weniger	$5 - 3 = 2$
$\cdot \ \times$	multipliziert, mal	$2 \cdot 6 = 12; \ 2 \times 6 = 12$
$/ - :$	dividiert, geteilt durch	$^{12}/_3 = 4; \ \dfrac{12}{3} = 4; \ 12 : 3 = 4$
$\sqrt[n]{\ }$	n-te Wurzel aus ($n = 2$: Quadratwurzel aus)	$\sqrt[5]{243} = 3$
$=$	ist gleich	$11 = 3 + 8$
$\neq$	ungleich, ist nicht gleich	$6 \neq 4$
$\approx$	ungefähr gleich	$\dfrac{1}{3} \approx 0{,}33$
$\equiv$	identisch	$f(x) \equiv 1$, d.h. die Funktion f ist für jedes x gleich 1
$<$	kleiner als	$5 < 8$
$>$	größer als	$6 > 2$

Symbol	Bedeutung	Beispiel
$\leq$	ist kleiner als oder gleich	$4 \leq 5,\ 4 \leq 4$
$\geq$	ist größer als oder gleich	$5 \geq 4;\ 5 \geq 5$
$|\ |$	absoluter Betrag von, Betrag	$|-5| = 5$
$\triangleq$	entspricht	1 cm $\triangleq$ 500 kg (z. B. in einer Zeichnung)
$\in$	ist Element von	$A \in g$
$\notin$	ist nicht Element von	$B \notin g$
$\Rightarrow$	daraus folgt; folglich ist	$V = a^3 \Rightarrow a = \sqrt[3]{V}$
$\ll$	ist klein gegen	$0{,}001 \ll 10^9$
$\gg$	ist groß gegen	$10^6 \gg 0{,}01$
$\sum$	Summe (Sigma: griech. Buchstabe)	$\sum \alpha = (2 \cdot n - 4) \cdot R$
g_1, g_2, g_3	Geraden	Bezeichnung für Geraden
A, B, C	Punkte	Punkte im $\triangle\ ABC$
AB	Strecke AB	Strecke von A bis B; Punktmenge der Strecke
$\overline{AB}$	Strecke $\overline{AB}$	Länge der Strecke $\overline{AB}$; Strecke mit den Endpunkten A und B
$a, b, c, \ldots$	Strecken, Seiten	Streckenlängen: $a = 5$ cm, $b = 3$ cm, $c = 9$ cm
$\widehat{AB}$	Bogen $\widehat{AB}$	Länge des Bogens von A bis B

Zeichen (Symbol)	Bedeutung	Beispiel, Erläuterung, Verwendung
$\overline{AB}$	Pfeil	Pfeil $\overrightarrow{AB}$: A •——→• B
s	Strahl	Strahl $\vec{s}$: A •———— s
$\vert \ \vert$	(absoluter) Betrag	Betrag $\vert \vec{F} \vert$ (Länge) des Vektors F
$\vec{a}$	Verschiebungsvektor	$\vec{a} = 3$ cm
$\alpha, \beta, \gamma, \ldots$	Winkel	$\alpha = 38°$
$\sphericalangle (a, b)$	Winkel (a, b)	Winkel zwischen den Halbgeraden a und b: $\sphericalangle (a, b) = 76°$
$\sphericalangle ASB$	Winkel ASB	Der Winkel ist durch die Punkte auf den Halbgeraden festgelegt, S ist Scheitelpunkt. $\sphericalangle ASB = 99°$
$\llcorner, \mathbf{R}$	rechter Winkel	Zeichen für rechter Winkel.
$\perp$	ist senkrecht zu	$g_1 \perp g_2$: Gerade g_1 ist senkrecht zu Gerade g_2
$\parallel$	ist parallel zu	all (Seiten im Trapez)
$\upuparrows$	gleichsinnig parallel	$\vec{g} \upuparrows \vec{h}$: $\vec{g}$ und $\vec{h}$ sind gleichsinnig parallel
$\upharpoonleft\downharpoonright$	gegensinnig parallel	$\vec{g} \upharpoonleft\downharpoonright \vec{h}$: $\vec{g}$ und $\vec{h}$ sind gegensinnig parallel
$\sim$	ist ähnlich zu	$\square ABCD \sim \square A'B'C'D'$

≙	(ist deckungsgleich)	$\triangle ABC \triangleq \triangle A'B'C'$
r	Radius, Halbmesser	Abstand vom Mittelpunkt des Kreises zur Kreislinie; Abstand vom Mittelpunkt der Kugel zur Oberfläche
d	Durchmesser	Strecke von Kreislinie zu Kreislinie durch den Mittelpunkt eines Kreises
U	Umfang	Länge des Randes einer ebenen geschlossenen geometrischen Figur
A	Flächeninhalt	Anzahl der Flächeneinheiten auf einer geometrischen Figur
V	Volumen (Rauminhalt)	Anzahl der Volumeneinheiten in einem geometrischen Körper
M	Mantelfläche	ist die Außenfläche eines geometrischen Körpers ohne Grund und Deckfläche
O	Oberfläche	Die äußere Begrenzungsfläche geometrischer Körper
K	Ähnlichkeitsverhältnis	$\dfrac{a'}{a} = \dfrac{b'}{b} = \dfrac{c'}{c} = \dfrac{h'_c}{h_c} = \dfrac{s'_c}{s_c} = \dfrac{w'_\gamma}{w_\gamma} = K$
π	Kreiszahl Pi (Pi: griech. Buchstabe)	$\pi = 3{,}141592653\ldots$

Zeichen (Symbol)	Bedeutung	Beispiel, Erläuterung, Verwendung
d, e, f	Diagonalen	Geradlinige Verbindung zweier nicht nebeneinanderliegender Eckpunkte im Innern eines Vielecks
b	Bogen	Teil der Kreislinie
$\mathbb{Z}$	Menge der ganzen Zahlen	$\mathbb{Z} = \{\ldots, -2, -1, 0, 1, 2, 3, \ldots\}$
$\mathbb{R}$	Menge der reellen Zahlen	$\mathbb{R} = \{\text{rationale Zahlen}\} \cup \{\text{irrationale Zahlen}\}$
D	Definitionsmenge	$D = \mathbb{R} \setminus \left\{ \frac{(2 \cdot k + 1)}{2} \cdot \pi \,\middle|\, k \in \mathbb{Z} \right\}$
W	Wertemenge	$W = \mathbb{R}$
$\sin \alpha$	Sinus des Winkels α	In einem rechtwinkligen Dreieck lassen sich die Werte der Winkelfunktionen für spitze Winkel als Seitenverhältnisse berechnen. $\sin \alpha = \dfrac{a}{c}$
$\cos \alpha$	Kosinus des Winkels α	$\cos \alpha = \dfrac{b}{c}$
$\tan \alpha$	Tangens des Winkels α	$\tan \alpha = \dfrac{a}{b}$
$\cot \alpha$	Kotangens des Winkels α	$\cot \alpha = \dfrac{b}{a}$

Arcsin x	Arcussinus von x	Die Arcusfunktionen sind die Umkehrfunktionen der trigonometrischen Funktionen.
Arccos x	Arcuscosinus von x	
Arctan x	Arcustangens von x	
Arccot x	Arcuscotangens von x	
$1°$	1 Grad	Einheit der Winkelgröße (Altgrad)
rad	Radiant	Einheit des Winkels im Bogenmaß $1\,\text{rad} = \dfrac{360°}{2\pi} = 57{,}2958°$
1^g	1 Neugrad	Einheit der Winkelgröße (Neugrad)

4. Winkel, Winkelmaße

Regel	Erläuterungen, Beispiele

Winkel

Ein *Winkel* entsteht durch Drehung einer Halbgeraden um seinen Begrenzungspunkt S. Der Teil der Zeichenebene, der durch die von demselben Punkt ausgehenden Halbgeraden begrenzt wird, heißt *Winkel*. Die beiden Halbgeraden heißen *Schenkel*, der gemeinsame Punkt heißt *Scheitelpunkt*.

Winkel: $\alpha, \beta, \gamma, \delta, \ldots$
Scheitelpunkt: S
Schenkel des Winkels: a, b

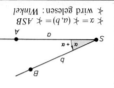

Erfolgt die Drehung der Halbgeraden entgegen der Drehrichtung des Uhrzeigers, wird der Drehsinn positiv genannt. Die Größe eines Winkels kann durch kleine griechische Buchstaben „α", durch die Schenkel „(a, b)" oder durch Punkte auf den Schenkeln „$\angle ASB$" angegeben werden.

positiver Drehsinn

$\angle \alpha = \angle (a, b) = \angle ASB$
$\angle$ wird gelesen: *Winkel*

Erfolgt die Drehung der Halbgeraden in der Drehrichtung des Uhrzeigers, so wird der Drehsinn negativ genannt.

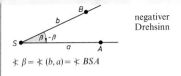

negativer Drehsinn

$\sphericalangle \beta = \sphericalangle (b, a) = \sphericalangle BSA$

Winkelarten

Spitzer Winkel
α liegt zwischen $0°$ und $90°$.
$$0° < \alpha < 90°$$

Rechter Winkel (R)
α ist gleich $90°$.
Die Schenkel stehen senkrecht aufeinander.
$$\alpha = 90°$$

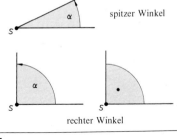

spitzer Winkel

rechter Winkel

Regel	Erläuterungen, Beispiele

Stumpfer Winkel
α liegt zwischen 90° und 180°.
$$90° < α < 180°$$

stumpfer Winkel

Winkelmaße

Gradmaß – Altgrad
Der Kreisbogen wird in 360 gleiche Teile unterteilt. Verbindet man zwei auf dem Kreisbogen benachbarte Teilungspunkte mit dem Mittelpunkt, so entsteht ein Winkel von 1 Grad (Altgrad).

$$1 \text{ Grad} = 60 \text{ Minuten}$$
$$1° = 60'$$
$$1 \text{ Minute} = 60 \text{ Sekunden}$$
$$1' = 60''$$

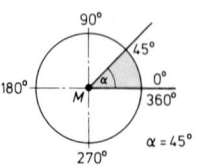

$α = 45°$

Gradmaß – Neugrad

Beim Winkelmaß in Neugrad wird der Kreisbogen in 400 gleiche Teile unterteilt.

$$1 \text{ Neugrad} = 100 \text{ Neuminuten}$$
$$1^g = 100^c$$
$$1 \text{ Neuminute} = 100 \text{ Neusekunden}$$
$$1^c = 100^{cc}$$

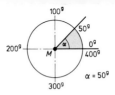

$\alpha = 50^g$

Gradmaß – Bogenmaß

Im Kreis ist die Länge des Kreisbogens b dem Zentriwinkel und dem Radius proportional.

Es gilt: $\dfrac{\text{Kreisbogen}}{\text{Kreisumfang}} = \dfrac{\text{Zentriwinkel}}{\text{Vollwinkel}}$

Am Einheitskreis gilt:

$$\frac{b}{2\pi} = \frac{\alpha}{360°} \Rightarrow b = \frac{\alpha}{360°} \cdot 2\pi$$

$$\Rightarrow \alpha = \frac{b}{2\pi} \cdot 360° \text{ rad}$$

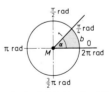

α ist der Winkel in Grad (°)
b ist der Winkel im Bogenmaß (rad)

Bogenmaß wichtiger Winkel

Gradmaß	10°	15°	30°	45°	60°	90°
Bogenmaß in rad	$\dfrac{\pi}{18}$	$\dfrac{\pi}{12}$	$\dfrac{\pi}{6}$	$\dfrac{\pi}{4}$	$\dfrac{\pi}{3}$	$\dfrac{\pi}{2}$
Gradmaß	120°	150°	180°	270°	360°	
Bogenmaß in rad	$\dfrac{2\pi}{3}$	$\dfrac{5\pi}{6}$	π	$\dfrac{3\pi}{2}$	2π	

5. Winkelfunktionen im rechtwinkligen Dreieck

Regel	Erläuterungen, Beispiele
In einem rechtwinkligen Dreieck gilt:	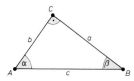

- Die Kathete, die dem Winkel α bzw. β gegenüberliegt, heißt *Gegenkathete* von α bzw. β.

- Die dem Winkel α bzw. β anliegende Kathete heißt *Ankathete* von α bzw. β.

- Die *Hypotenuse* liegt immer dem rechten Winkel gegenüber.

Bezogen auf Winkel α gilt:	Bezogen auf Winkel β gilt:
a: Gegenkathete	a: Ankathete
b: Ankathete	b: Gegenkathete
c: Hypotenuse	c: Hypotenuse

Die Seitenverhältnisse in einem rechtwinkligen Dreieck sind von den Winkeln α bzw. β abhängig. Die Seitenverhältnisse in einem rechtwinkligen Dreieck werden als Funktionen der Winkel α bzw. β oder kurz als *Winkelfunktionen* bezeichnet.

Regel	Erläuterungen, Beispiele
$\text{Sinus (sin)} = \dfrac{\text{Gegenkathete}}{\text{Hypotenuse}}$ $\text{Kosinus (cos)} = \dfrac{\text{Ankathete}}{\text{Hypotenuse}}$ $\text{Tangens (tan)} = \dfrac{\text{Gegenkathete}}{\text{Ankathete}}$ $\text{Kotangens (cot)} = \dfrac{\text{Ankathete}}{\text{Gegenkathete}}$	 ● Wie groß ist die Ankathete eines rechtwinkligen Dreiecks mit der Hypotenuse $c = 7$ cm und dem Winkel $\alpha = 60°$? $\cos \alpha = \dfrac{b}{c}$ $\begin{aligned} b &= c \cdot \cos \alpha \\ &= 7 \text{ cm} \cdot \cos 60° \\ &= 7 \text{ cm} \cdot 0{,}5 \end{aligned}$ **$b = 3{,}5$ cm**

$\sin \alpha = \dfrac{a}{c};$ $\sin \beta = \dfrac{b}{c}$

$\cos \alpha = \dfrac{b}{c};$ $\cos \beta = \dfrac{a}{c}$

$\tan \alpha = \dfrac{a}{b};$ $\tan \beta = \dfrac{b}{a}$

$\cot \alpha = \dfrac{b}{a};$ $\cot \beta = \dfrac{a}{b}$

Formelumstellungen

$$a = c \cdot \sin\alpha = b \cdot \tan\alpha = \frac{b}{\cot\alpha}$$

$$b = c \cdot \cos\alpha = \frac{a}{\tan\alpha} = a \cdot \cot\alpha$$

$$c = \frac{a}{\sin\alpha} = \frac{b}{\cos\alpha}$$

$$a = c \cdot \cos\beta = \frac{b}{\tan\beta} = b \cdot \cot\beta$$

$$b = c \cdot \sin\beta = a \cdot \tan\beta = \frac{a}{\cot\beta}$$

$$c = \frac{b}{\sin\beta} = \frac{a}{\cos\beta}$$

- Wie groß ist der Winkel β eines rechtwinkligen Dreiecks mit der Seite $b = 5$ cm und der Seite $a = 4$ cm?

$$\tan\beta = \frac{b}{a}$$

$$\tan\beta = \frac{5\text{ cm}}{4\text{ cm}} = 1{,}25$$

$$\beta = \text{Arctan } 1{,}25 = \mathbf{51{,}34°}$$

- Gegeben: $\alpha = 46°$, $a = 3$ cm
  Gesucht: b, c

$$\sin\alpha = \frac{a}{c}; \quad c = \frac{a}{\sin\alpha}$$

$$= \frac{3\text{ cm}}{\sin 46°}$$

$$c = \mathbf{4{,}17\text{ cm}}$$

$$b = \frac{a}{\tan\alpha} = \frac{3\text{ cm}}{\tan 46°} = \mathbf{2{,}89\text{ cm}}$$

Regel	Erläuterungen, Beispiele

Wichtige Funktionswerte der vier Winkelfunktionen

α im Bogenmaß	0	$\dfrac{\pi}{6}$	$\dfrac{\pi}{4}$	$\dfrac{\pi}{3}$	$\dfrac{\pi}{2}$
α in °	$0°$	$30°$	$45°$	$60°$	$90°$
$\sin \alpha$	0	$\frac{1}{2}$	$\frac{1}{2}\sqrt{2}$	$\frac{1}{2}\sqrt{3}$	1
$\cos \alpha$	1	$\frac{1}{2}\sqrt{3}$	$\frac{1}{2}\sqrt{2}$	$\frac{1}{2}$	0
$\tan \alpha$	0	$\frac{1}{3}\sqrt{3}$	1	$\sqrt{3}$	nicht defin.
$\cot \alpha$	nicht defin.	$\sqrt{3}$	1	$\frac{1}{3}\sqrt{3}$	0

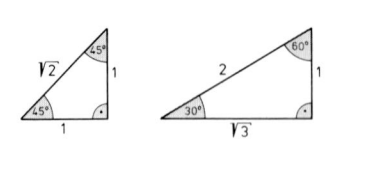

Beziehungen zwischen den Funktionswerten der Winkelfunktionen

$\sin \alpha = \cos(90° - \alpha)$ $\qquad$ $\cos \alpha = \sin(90° - \alpha)$ $\qquad$ $\tan \alpha = \cot(90° - \alpha)$ $\qquad$ $\cot \alpha = \tan(90° - \alpha)$

$\sin(-\alpha) = -\sin \alpha$ $\qquad$ $\cos(-\alpha) = +\cos \alpha$ $\qquad$ $\tan(-\alpha) = -\tan \alpha$ $\qquad$ $\cot(-\alpha) = -\cot \alpha$

$\sin^2 \alpha = 1 - \cos^2 \alpha$ $\qquad$ $\cos^2 \alpha = 1 - \sin^2 \alpha$ $\qquad$ $\tan \alpha = \dfrac{1}{\cot \alpha}$ $\qquad$ $\cot \alpha = \dfrac{1}{\tan \alpha}$

$$\sin^2 \alpha + \cos^2 \alpha = 1$$

$(\alpha \neq 0°; \alpha \neq 90°)$ $\qquad$ $(\alpha \neq 0°; \alpha \neq 90°)$

$\sin \alpha = \tan \alpha \cdot \cos \alpha$ $\qquad$ $\cos \alpha = \dfrac{\sin \alpha}{\tan \alpha}$ $\qquad$ $\tan \alpha \cdot \cot \alpha = 1$; $(\alpha \neq 0°; \alpha \neq 90°)$

$(\alpha \neq 90°)$ $\qquad$ $(\alpha \neq 90°)$

$\tan \alpha = \dfrac{\sin \alpha}{\cos \alpha}$; $(\alpha \neq 90°)$ $\qquad$ $\cot \alpha = \dfrac{\cos \alpha}{\sin \alpha}$; $(\alpha \neq 0°)$

Regel	Erläuterungen, Beispiele
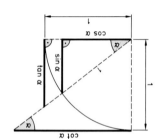 Darstellung der Funktionswerte der Winkelfunktionen am Einheitskreis im ersten Quadranten.	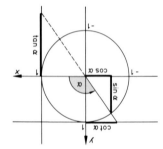 Darstellung der Funktionswerte der Winkelfunktionen am Einheitskreis im zweiten Quadranten.

Darstellung der Funktionswerte der Winkelfunktionen am Einheitskreis im dritten Quadranten.

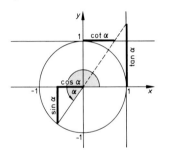

Darstellung der Funktionswerte der Winkelfunktionen am Einheitskreis im vierten Quadranten.

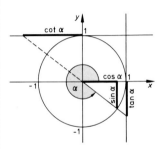

| Regel | Erläuterungen, Beispiele |

Vorzeichen der Funktionswerte

Quadrant	$\sin\alpha$	$\cos\alpha$	$\tan\alpha$	$\cot\alpha$
I	+	+	+	+
II	+	−	−	−
III	−	−	+	+
IV	−	+	−	−

$$\sin 30° = 0,5 \qquad \tan 45° = 1$$
$$\sin 150° = 0,5 \qquad \tan 135° = -1$$
$$\sin 210° = -0,5 \qquad \tan 225° = 1$$
$$\sin 330° = -0,5 \qquad \tan 315° = -1$$

$$\cos 60° = 0,5 \qquad \cot 60° = 0,577$$
$$\cos 120° = -0,5 \qquad \cot 150° = -1,732$$
$$\cos 240° = -0,5 \qquad \cot 240° = 0,577$$
$$\cos 300° = 0,5 \qquad \cot 330° = -1,732$$

Umrechnungsformeln für beliebige Winkel

	$-\alpha$	$90°+\alpha$	$90°-\alpha$	$180°+\alpha$	$180°-\alpha$	$270°+\alpha$	$270°-\alpha$	$360°-\alpha$
sin	$-\sin\alpha$	$+\cos\alpha$	$+\cos\alpha$	$-\sin\alpha$	$+\sin\alpha$	$-\cos\alpha$	$-\cos\alpha$	$-\sin\alpha$
cos	$+\cos\alpha$	$-\sin\alpha$	$+\sin\alpha$	$-\cos\alpha$	$-\cos\alpha$	$+\sin\alpha$	$-\sin\alpha$	$+\cos\alpha$
tan	$-\tan\alpha$	$-\cot\alpha$	$+\cot\alpha$	$+\tan\alpha$	$-\tan\alpha$	$-\cot\alpha$	$+\cot\alpha$	$-\tan\alpha$
cot	$-\cot\alpha$	$-\tan\alpha$	$+\tan\alpha$	$+\cot\alpha$	$-\cot\alpha$	$-\tan\alpha$	$+\tan\alpha$	$-\cot\alpha$

$$\sin 120° = \sin\ (90°+30°) = \sin\ (90°+\alpha) =\ \ \ \cos 30°$$
$$\sin 250° = \sin (180°+70°) = \sin (180°+\alpha) = -\sin 70°$$
$$\cos 300° = \cos(270°+30°) = \cos(270°+\alpha) =\ \ \ \sin 30°$$
$$\tan 320° = \tan(360°-40°) = \tan(360°-\alpha) = -\tan 40°$$
$$\cot 240° = \cot(270°-30°) = \cot(270°-\alpha) =\ \ \ \tan 30°$$

Gesucht: \ Gegeben:	$\sin \alpha$	$\cos \alpha$	$\tan \alpha$	$\cot \alpha$
$\sin \alpha =$	—	$\sqrt{1-\cos^2 \alpha}$	$\dfrac{\tan \alpha}{\sqrt{1+\tan^2 \alpha}}$	$\dfrac{1}{\sqrt{1+\cot^2 \alpha}}$
$\cos \alpha =$	$\sqrt{1-\sin^2 \alpha}$	—	$\dfrac{1}{\sqrt{1+\tan^2 \alpha}}$	$\dfrac{\cot \alpha}{\sqrt{1+\cot^2 \alpha}}$
$\tan \alpha =$	$\dfrac{\sin \alpha}{\sqrt{1-\sin^2 \alpha}}$	$\dfrac{\sqrt{1-\cos^2 \alpha}}{\cos \alpha}$	—	$\dfrac{1}{\cot \alpha}$
$\cot \alpha =$	$\dfrac{\sqrt{1-\sin^2 \alpha}}{\sin \alpha}$	$\dfrac{\cos \alpha}{\sqrt{1-\cos^2 \alpha}}$	$\dfrac{1}{\tan \alpha}$	—

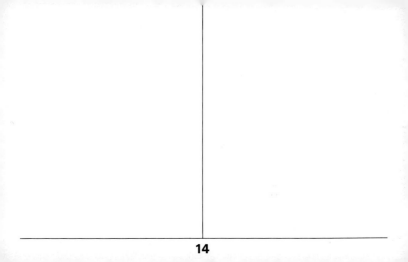

14

6. Die Graphen der Winkelfunktionen

Der Graph der Sinusfunktion

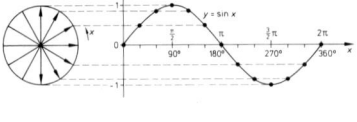

Die Sinusfunktion ist periodisch. Die Periodenlänge beträgt 360° bzw. 2π.
Definitionsmenge D der Sinusfunktion:

$$D = \mathbb{R}$$

Wertemenge W der Sinusfunktion:

$$W = [-1; 1]$$

Der Graph der Kosinusfunktion

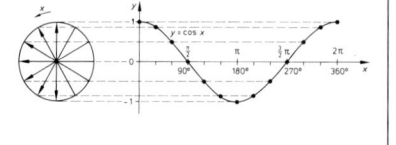

Die Kosinusfunktion ist periodisch. Die Periodenlänge beträgt 360° bzw. 2π.
Definitionsmenge D der Kosinusfunktion:

$$D = \mathbb{R}$$

Wertemenge W der Kosinusfunktion:

$$W = [-1; 1]$$

Der Graph der Tangensfunktion

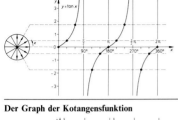

Die Tangensfunktion ist periodisch. Die Periodenlänge beträgt $180°$ bzw. π.

Definitionsmenge D der Tangensfunktion:

$$D = \mathbb{R} \setminus \left\{ \frac{(2k+1)}{2} \cdot \pi \,\middle|\, k \in \mathbb{Z} \right\}$$

Wertemenge W der Tangensfunktion:

$$W = \mathbb{R}$$

Der Graph der Kotangensfunktion

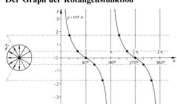

Die Kotangensfunktion ist periodisch. Die Periodenlänge beträgt $180°$ bzw. π.

Definitionsmenge D der Kotangensfunktion:

$$D = \mathbb{R} \setminus \{ k \cdot \pi \,|\, k \in \mathbb{Z} \}$$

Wertemenge W der Kotangensfunktion:

$$W = \mathbb{R}$$

7. Die allgemeine Sinusfunktion

Die Funktion $f : x \mapsto a \cdot \sin x$

Die Funktion $f : x \mapsto a \cdot \sin x$ ist eine Sinusfunktion, deren maximaler bzw. minimaler Funktionswert sich um den Faktor $|a|$ von der Funktion mit der Gleichung $y = \sin x$ unterscheidet.

$|a|$ heißt Amplitude oder Schwingungsweite.

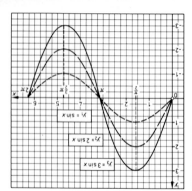

Ist bei der Funktion $f: x \mapsto a \cdot \sin x$ $a < 0$, so wird die Funktion gegenüber $f: x \mapsto \sin x$ an der x-Achse gespiegelt.

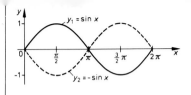

Die Funktion $f: x \mapsto \sin(x+b)$

Die Funktion $f: x \mapsto \sin(x+b)$ mit der Gleichung

$f(x) = \sin(x+b);\ b \in \mathbb{R}$

ist eine Sinusfunktion, die gegenüber der Funktion $y = \sin x$ um b Einheiten auf der x-Achse verschoben ist.

$b < 0 \Rightarrow$ Verschiebung nach rechts um b Einheiten.

$b > 0 \Rightarrow$ Verschiebung nach links um b Einheiten.

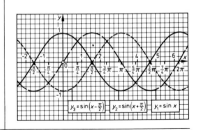

Die Funktion $f : x \mapsto \sin(c \cdot x)$

Die Funktion $f : x \mapsto \sin(c \cdot x)$ mit der Funktionsgleichung

$y = \sin(cx); c \in \mathbb{R}$

ist eine Sinusfunktion mit der Periodenlänge $\dfrac{2\pi}{c}$.

$c = 1$ Die Periodenlänge beträgt 2π.

$c > 1$ Die Periodenlänge wird kleiner als 2π.

$c < 1$ Die Periodenlänge wird größer als 2π.

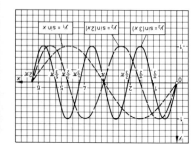

Die Funktion $f: x \mapsto \sin x + d$

Die Funktion $f: x \mapsto \sin x + d$ mit der Funktionsgleichung

$y = \sin x + d;\ d \in \mathbb{R}$

ist eine Sinusfunktion, die gegenüber der Funktion mit der Funktionsgleichung $y = \sin x$ um d auf der y-Achse verschoben ist.

$d > 0$ Verschiebung in positiver y-Richtung um d Einheiten.

$d < 0$ Verschiebung in negativer y-Richtung um $|d|$ Einheiten.

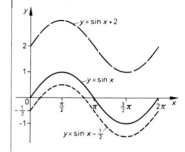

Die Funktion $f: x \mapsto a \cdot \sin(x+b) + d$

Die Funktion $f: x \mapsto a \cdot \sin(x+b) + d$ mit der Funktionsgleichung

$$y = a \cdot \sin(x+b) + d; \quad a, b, c, d \in \mathbb{R}$$

ist eine Sinusfunktion, die gegenüber der Funktion mit der Funktionsgleichung $y = \sin x$ die Amplitude $|a|$ hat, um b in x-Richtung und um d in y-Richtung verschoben ist und die Periodenlänge $\frac{2\pi}{c}$ hat.

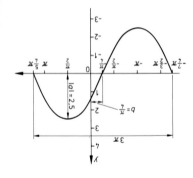

$$y = 2{,}5 \cdot \sin \frac{2}{3}\left(x + \frac{\pi}{4}\right)$$

Beispiel: $f: x \mapsto 3 \cdot \sin\left[2\left(x - \frac{\pi}{2}\right)\right] + 1$

Die Amplitudenhöhe beträgt $|a| = 3$.

Die Periodenlänge beträgt $\frac{2\pi}{2} = \pi$.

Die Funktion ist gegenüber der Funktion $f: x \mapsto \sin x$ um $\frac{\pi}{2}$ nach rechts verschoben.

Die Funktion ist gegenüber der Funktion $f: x \mapsto \sin x$ um $d = 1$ in y-Richtung verschoben.

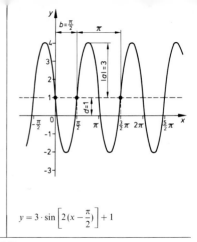

$$y = 3 \cdot \sin\left[2(x - \frac{\pi}{2})\right] + 1$$

Beispiel: $f: x \mapsto -2 \cdot \sin\left(x - \frac{\pi}{6}\right) + 2$

Die Amplitudenhöhe beträgt $|a| = 2$.
Die Periodenlänge beträgt 2π.
Die Funktion ist gegenüber der Funktion
$f: x \mapsto \sin x$ um $\frac{\pi}{6}$ nach rechts und um 2 nach oben verschoben.

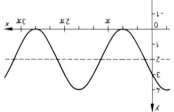

$y = -2 \cdot \sin\left(x - \frac{\pi}{6}\right) + 2$

Die Funktion $f: x \mapsto \sin^2 x$

Quadriert man alle Funktionswerte der Funktion $f: x \mapsto \sin x$, so erhält man die Funktion $f: x \mapsto \sin^2 x$.

$D = \mathbb{R}$

$W = [0; 1]$

Die Funktion $f: x \mapsto \sin^2 x$ ist periodisch mit der Periodenlänge π.

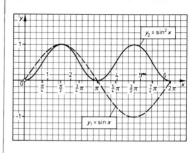

8. Überlagerung von Sinusfunktionen

Regel	Erläuterungen, Beispiele
Gilt für zwei Winkelfunktionen f und g: $F(x) = f(x) + g(x)$, so kann $F(x)$ zeichnerisch durch Addition der Funktionswerte $f(x)$ und $g(x)$ bestimmt werden. Man addiert die Ordinate y_1 zur Ordinate y_2 und erhält die Ordinate y_3 der Funktion F. Dieses Verfahren heißt Superposition oder additive Überlagerung von Sinusfunktionen.	Additive Überlagerung zweier Sinusfunktionen mit gleicher Periodenlänge. $f(x) = \sin x$ $g(x) = 1{,}5 \sin\left(x + \frac{\pi}{6}\right)$ $F(x) = \sin x + 1{,}5 \sin\left(x + \frac{\pi}{6}\right)$

Die Überlagerung zweier Sinusfunktionen mit *gleicher* Periodenlänge ergibt wieder eine sinusförmige Funktion.

Die Überlagerung zweier Sinusfunktionen mit *unterschiedlicher* Periodenlänge ergibt eine periodische Funktion, die nicht sinusförmig ist.

Additive Überlagerung zweier Sinusfunktionen mit unterschiedlicher Periodenlänge.

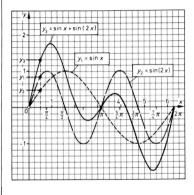

9. Additionstheoreme

9.1 Funktionen der Summe und Differenz zweier Winkel

Regel	Regel
$\sin(\alpha + \beta) = \sin\alpha \cdot \cos\beta + \cos\alpha \cdot \sin\beta$	$\sin(\alpha - \beta) = \sin\alpha \cdot \cos\beta - \cos\alpha \cdot \sin\beta$
$\cos(\alpha + \beta) = \cos\alpha \cdot \cos\beta - \sin\alpha \cdot \sin\beta$	$\cos(\alpha - \beta) = \cos\alpha \cdot \cos\beta + \sin\alpha \cdot \sin\beta$
$\tan(\alpha + \beta) = \dfrac{\tan\alpha + \tan\beta}{1 - \tan\alpha \cdot \tan\beta}$	$\tan(\alpha - \beta) = \dfrac{\tan\alpha - \tan\beta}{1 + \tan\alpha \cdot \tan\beta}$
$\cot(\alpha + \beta) = \dfrac{\cot\alpha \cdot \cot\beta - 1}{\cot\beta + \cot\alpha}$	$\cot(\alpha - \beta) = \dfrac{\cot\alpha \cdot \cot\beta + 1}{\cot\beta - \cot\alpha}$
$\begin{aligned}\sin(\alpha + \beta) \cdot \sin(\alpha - \beta) &= \cos^2\beta - \cos^2\alpha \\ &= \sin^2\alpha - \sin^2\beta\end{aligned}$	$\begin{aligned}\cos(\alpha + \beta) \cdot \cos(\alpha - \beta) &= \cos^2\beta - \sin^2\alpha \\ &= \cos^2\alpha - \sin^2\beta\end{aligned}$

9.2 Funktionen von Vielfachen eines Winkels

Regel	Regel
$\sin(2\alpha) = 2 \cdot \sin\alpha \cdot \cos\alpha$	$\begin{aligned}\cos(2\alpha) &= \cos^2\alpha - \sin^2\alpha \\ &= 2\cos^2\alpha - 1 \\ &= 1 - 2\cdot\sin^2\alpha\end{aligned}$
$\sin(3\alpha) = 3\cdot\sin\alpha - 4\cdot\sin^3\alpha$	$\cos(3\alpha) = 4\cdot\cos^3\alpha - 3\cos\alpha$
$\sin(4\alpha) = 8\cdot\sin\alpha\cdot\cos^3\alpha - 4\sin\alpha\cdot\cos\alpha$	$\cos(4\alpha) = 8\cdot\cos^4\alpha - 8\cos^2\alpha + 1$
$\sin(5\alpha) = 16\cdot\sin\alpha\cdot\cos^4\alpha - 12\sin\alpha\cdot\cos^2\alpha + \sin\alpha$	$\cos(5\alpha) = 16\cdot\cos^5\alpha - 20\cdot\cos^3\alpha + 5\cdot\cos\alpha$

$$\sin(n\cdot\alpha) = n\cdot\sin\alpha\cdot\cos^{n-1}\alpha - \binom{n}{3}\sin^3\alpha\cdot\cos^{n-3}\alpha + \binom{n}{5}\sin^5\alpha\cdot\cos^{n-5}\alpha - + \cdots$$

$$\cos(n\cdot\alpha) = \cos^n\alpha - \binom{n}{2}\sin^2\alpha\cdot\cos^{n-2}\alpha + \binom{n}{4}\sin^4\alpha\cdot\cos^{n-4}\alpha - + \cdots$$

Regel	Regel
$\tan(2\alpha) = \dfrac{2 \cdot \tan \alpha}{1 - \tan^2 \alpha} = \dfrac{2}{\cot \alpha - \tan \alpha}$	$\cot(2\alpha) = \dfrac{\cot^2 \alpha - 1}{2 \cdot \cot \alpha} = \dfrac{2}{\cot \alpha - \tan \alpha}$
$\tan(3\alpha) = \dfrac{3 \cdot \tan \alpha - \tan^3 \alpha}{1 - 3 \tan^2 \alpha}$	$\cot(3\alpha) = \dfrac{\cot^3 \alpha - 3 \cdot \cot \alpha}{3 \cdot \cot^2 \alpha - 1}$
$\tan(4\alpha) = \dfrac{4 \cdot \tan \alpha - 4 \cdot \tan^3 \alpha}{1 - 6 \cdot \tan^2 \alpha + \tan^4 \alpha}$	$\cot(4\alpha) = \dfrac{\cot^4 \alpha - 6 \cdot \cot^2 \alpha + 1}{4 \cdot \cot^3 \alpha - 4 \cdot \cot \alpha}$
$\sin \alpha = \sqrt{\dfrac{1 - \cos(2\alpha)}{2}}$	$\cos \alpha = \sqrt{\dfrac{1 + \cos(2\alpha)}{2}}$
$\tan \alpha = \sqrt{\dfrac{1 - \cos(2\alpha)}{1 + \cos(2\alpha)}}$	$\cot \alpha = \sqrt{\dfrac{1 + \cos(2\alpha)}{1 - \cos(2\alpha)}}$
$= \dfrac{1 - \cos(2\alpha)}{\sin(2\alpha)} = \dfrac{\sin(2\alpha)}{1 + \cos(2\alpha)}$	$= \dfrac{\sin(2\alpha)}{1 - \cos(2\alpha)} = \dfrac{1 + \cos(2\alpha)}{\sin(2\alpha)}$

9.3 Funktionswerte von Teilen eines Winkels

Regel	Regel
$\sin\dfrac{\alpha}{2} = \sqrt{\dfrac{1-\cos\alpha}{2}}$	$\cos\dfrac{\alpha}{2} = \sqrt{\dfrac{1+\cos\alpha}{2}}$
$\tan\dfrac{\alpha}{2} = \sqrt{\dfrac{1-\cos\alpha}{1+\cos\alpha}}$	$\cot\dfrac{\alpha}{2} = \sqrt{\dfrac{1+\cos\alpha}{1-\cos\alpha}}$
$\phantom{\tan\dfrac{\alpha}{2}} = \dfrac{1-\cos\alpha}{\sin\alpha} = \dfrac{\sin\alpha}{1+\cos\alpha}$	$\phantom{\cot\dfrac{\alpha}{2}} = \dfrac{1+\cos\alpha}{\sin\alpha} = \dfrac{\sin\alpha}{1-\cos\alpha}$
$\sin\alpha = 2\cdot\sin\dfrac{\alpha}{2}\cdot\cos\dfrac{\alpha}{2}$	$\cos\alpha = \cos^2\dfrac{\alpha}{2} - \sin^2\dfrac{\alpha}{2}$
	$ = 1 - 2\cdot\sin^2\dfrac{\alpha}{2} = 2\cdot\cos^2\dfrac{\alpha}{2} - 1$
$\tan\alpha = \dfrac{2\cdot\tan\dfrac{\alpha}{2}}{1 - \tan^2\dfrac{\alpha}{2}}$	$\cot\alpha = \dfrac{\cot^2\dfrac{\alpha}{2} - 1}{2\cdot\cot\dfrac{\alpha}{2}}$

9.4 Summen und Differenzen trigonometrischer Funktionen

Regel	Regel
$\sin\alpha + \sin\beta = 2\cdot\sin\dfrac{\alpha+\beta}{2}\cdot\cos\dfrac{\alpha-\beta}{2}$	$\cos\alpha + \cos\beta = 2\cdot\cos\dfrac{\alpha+\beta}{2}\cdot\cos\dfrac{\alpha-\beta}{2}$
$\sin\alpha - \sin\beta = 2\cdot\cos\dfrac{\alpha+\beta}{2}\cdot\sin\dfrac{\alpha-\beta}{2}$	$\cos\alpha - \cos\beta = -2\cdot\sin\dfrac{\alpha+\beta}{2}\cdot\sin\dfrac{\alpha-\beta}{2}$
$\cos\alpha + \sin\alpha = \sqrt{2}\cdot\sin(45°+x)$ $=\sqrt{2}\cdot\cos(45°-x)$	$\cos\alpha - \sin\alpha = \sqrt{2}\cdot\cos(45°+x)$ $=\sqrt{2}\cdot\sin(45°-x)$
$\tan\alpha + \tan\beta = \dfrac{\sin(\alpha+\beta)}{\cos\alpha\cdot\cos\beta}$	$\cot\alpha + \cot\beta = \dfrac{\sin(\alpha+\beta)}{\sin\alpha\cdot\sin\beta}$
$\tan\alpha - \tan\beta = \dfrac{\sin(\alpha-\beta)}{\cos\alpha\cdot\cos\beta}$	$\cot\alpha - \cot\beta = -\dfrac{\sin(\alpha-\beta)}{\sin\alpha\cdot\sin\beta}$
$\dfrac{\sin\alpha + \sin\beta}{\cos\alpha + \cos\beta} = \tan\dfrac{\alpha+\beta}{2}$	$\dfrac{\sin\alpha - \sin\beta}{\cos\alpha + \cos\beta} = \tan\dfrac{\alpha-\beta}{2}$

9.5 Produkte trigonometrischer Funktionen

Regel	Regel
$\sin\alpha \cdot \sin\beta = \dfrac{1}{2}[\cos(\alpha-\beta) - \cos(\alpha+\beta)]$	$\cos\alpha \cdot \cos\beta = \dfrac{1}{2}[\cos(\alpha-\beta) + \cos(\alpha+\beta)]$
$\sin\alpha \cdot \cos\beta = \dfrac{1}{2}[\sin(\alpha+\beta) + \sin(\alpha-\beta)]$	$\cos\alpha \cdot \sin\beta = \dfrac{1}{2}[\sin(\alpha+\beta) - \sin(\alpha-\beta)]$
$\tan\alpha \cdot \tan\beta = \dfrac{\tan\alpha + \tan\beta}{\cot\alpha + \cot\beta}$ $= -\dfrac{\tan\alpha - \tan\beta}{\cot\alpha - \cot\beta}$	$\cot\alpha \cdot \cot\beta = \dfrac{\cot\alpha + \cot\beta}{\tan\alpha + \tan\beta}$ $= -\dfrac{\cot\alpha - \cot\beta}{\tan\alpha - \tan\beta}$
$\tan\alpha \cdot \cot\beta = \dfrac{\tan\alpha + \cot\beta}{\cot\alpha + \tan\beta}$ $= -\dfrac{\tan\alpha - \cot\beta}{\cot\alpha - \tan\beta}$	$\cot\alpha \cdot \tan\beta = \dfrac{\cot\alpha + \tan\beta}{\tan\alpha + \cot\beta}$ $= -\dfrac{\cot\alpha - \tan\beta}{\tan\alpha - \cot\beta}$

9.6 Funktionswerte für drei Winkel

Regel	Regel
$\sin\alpha + \sin\beta + \sin\gamma =$ $4\cos\dfrac{\alpha}{2}\cdot\cos\dfrac{\beta}{2}\cdot\cos\dfrac{\gamma}{2}$	$\cos\alpha + \cos\beta + \cos\gamma =$ $4\sin\dfrac{\alpha}{2}\cdot\sin\dfrac{\beta}{2}\cdot\sin\dfrac{\gamma}{2} + 1$
$\sin\alpha + \sin\beta - \sin\gamma =$ $4\sin\dfrac{\alpha}{2}\cdot\sin\dfrac{\beta}{2}\cdot\cos\dfrac{\gamma}{2}$	$\cos\alpha + \cos\beta - \cos\gamma =$ $4\cos\dfrac{\alpha}{2}\cdot\cos\dfrac{\beta}{2}\cdot\sin\dfrac{\gamma}{2} - 1$
$\sin(2\alpha) + \sin(2\beta) + \sin(2\gamma) =$ $4\sin\alpha\cdot\sin\beta\cdot\sin\gamma$	$\cos(2\alpha) + \cos(2\beta) + \cos(2\gamma) =$ $-4\cos\alpha\cdot\cos\beta\cdot\cos\gamma - 1$
$\sin(2\alpha) + \sin(2\beta) - \sin(2\gamma) =$ $4\sin\alpha\cdot\sin\beta\cdot\cos\gamma$	$\cos(2\alpha) + \cos(2\beta) - \cos(2\gamma) =$ $-4\cos\alpha\cdot\cos\beta\cdot\sin\gamma + 1$
$\sin^2\alpha + \sin^2\beta + \sin^2\gamma =$ $2\cdot\cos\alpha\cdot\cos\beta\cdot\cos\gamma + 2$	$\cos^2\alpha + \cos^2\beta + \cos^2\gamma =$ $-2\cdot\cos\alpha\cdot\cos\beta\cdot\cos\gamma + 1$
$\sin^2\alpha + \sin^2\beta - \sin^2\gamma = 2\cdot\sin\alpha\cdot\sin\beta\cdot\cos\gamma$	$\cos^2\alpha + \cos^2\beta - \cos^2\gamma =$ $-2\cdot\sin\alpha\cdot\sin\beta\cdot\cos\gamma + 1$
$\tan\alpha + \tan\beta + \tan\gamma = \tan\alpha\cdot\tan\beta\cdot\tan\gamma$	
$\cot\alpha\cdot\cot\beta + \cot\beta\cdot\cot\gamma + \cot\gamma\cdot\cot\alpha = 1$	

$$\cot\frac{\alpha}{2} + \cot\frac{\beta}{2} + \cot\frac{\gamma}{2} = \cot\frac{\alpha}{2} \cdot \cot\frac{\beta}{2} \cdot \cot\frac{\gamma}{2}$$

$$\sin\alpha \cdot \sin\beta \cdot \sin\gamma = \frac{1}{4}[\sin(\alpha+\beta-\gamma) + \sin(\beta+\gamma-\alpha) + \sin(\gamma+\alpha-\beta) - \sin(\alpha+\beta+\gamma)]$$

$$\cos\alpha \cdot \cos\beta \cdot \cos\gamma = \frac{1}{4}[\cos(\alpha+\beta-\gamma) + \cos(\beta+\gamma-\alpha) + \cos(\gamma+\alpha-\beta) - \cos(\alpha+\beta+\gamma)]$$

$$\sin\alpha \cdot \sin\beta \cdot \cos\gamma = \frac{1}{4}[-\cos(\alpha+\beta-\gamma) + \cos(\beta+\gamma-\alpha) + \cos(\gamma+\alpha-\beta) - \cos(\alpha+\beta+\gamma)]$$

$$\sin\alpha \cdot \cos\beta \cdot \cos\gamma = \frac{1}{4}[\sin(\alpha+\beta+\gamma) - \sin(\beta+\gamma-\alpha) + \sin(\gamma+\alpha-\beta) + \sin(\alpha+\beta+\gamma)]$$

9.7 Potenzen trigonometrischer Funktionen

Regel	Regel
$\sin^2\alpha = \dfrac{1}{2}[1 - \cos(2\alpha)] = 1 - \cos^2\alpha$	$\cos^2\alpha = \dfrac{1}{2}[1 + \cos(2\alpha)] = 1 - \sin^2\alpha$
$\sin^3\alpha = \dfrac{1}{4}[3 \cdot \sin\alpha - \sin(3\alpha)]$	$\cos^3\alpha = \dfrac{1}{4}[3 \cdot \cos\alpha + \cos(3\alpha)]$
$\sin^4\alpha = \dfrac{1}{8}[\cos(4\alpha) - 4 \cdot \cos(2\alpha) + 3]$	$\cos^4\alpha = \dfrac{1}{8}[\cos(4\alpha) + 4 \cdot \cos(2\alpha) + 3]$
$\sin^5\alpha = \dfrac{1}{16}[10 \cdot \sin\alpha - 5 \cdot \sin(3\alpha) + \sin(5\alpha)]$	$\cos^5\alpha = \dfrac{1}{16}[10 \cdot \cos\alpha + 5 \cdot \cos(3\alpha) + \cos(5\alpha)]$
$\sin^6\alpha = \dfrac{1}{32}[10 - 15 \cdot \cos(2\alpha) + 6 \cdot \cos(4\alpha) + \\ \qquad\qquad - \cos(6\alpha)]$	$\cos^6\alpha = \dfrac{1}{32}[10 + 15 \cdot \cos(2\alpha) + 6 \cdot \cos(4\alpha) + \\ \qquad\qquad + \cos(6\alpha)]$

10. Berechnung des schiefwinkligen Dreiecks

Regel	Erläuterungen, Beispiele
Sinussatz In einem beliebigen Dreieck gilt: *Zwei Seiten eines Dreiecks verhalten sich zueinander wie die Sinuswerte ihrer Gegenwinkel.* $\dfrac{a}{b} = \dfrac{\sin\alpha}{\sin\beta}$; $\dfrac{a}{c} = \dfrac{\sin\alpha}{\sin\gamma}$; $\dfrac{b}{c} = \dfrac{\sin\beta}{\sin\gamma}$ oder $\quad a : b : c = \sin\alpha : \sin\beta : \sin\gamma$ Formelumstellungen: $a = \dfrac{b \cdot \sin\alpha}{\sin\beta} = \dfrac{c \cdot \sin\alpha}{\sin\gamma}$ $b = \dfrac{c \cdot \sin\beta}{\sin\gamma} = \dfrac{a \cdot \sin\beta}{\sin\alpha}$ $c = \dfrac{a \cdot \sin\gamma}{\sin\alpha} = \dfrac{b \cdot \sin\gamma}{\sin\beta}$	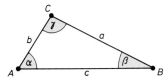 • Gegeben: $a = 5$ cm, $\alpha = 57°$, $\gamma = 50°$ Gesucht: c $\dfrac{c}{a} = \dfrac{\sin\gamma}{\sin\alpha}$ $c = \dfrac{a \cdot \sin\gamma}{\sin\alpha}$ $c = \dfrac{5 \text{ cm} \cdot \sin 50°}{\sin 57°} =$ **4,57 cm**

Regel	Erläuterungen, Beispiele

Regel:

$$\sin\alpha = \frac{a \cdot \sin\beta}{b} = \frac{a \cdot \sin\gamma}{c}$$

$$\alpha = \text{Arcsin } \frac{a \cdot \sin\beta}{b} = \text{Arcsin } \frac{a \cdot \sin\gamma}{c}$$

$$\sin\beta = \frac{b \cdot \sin\gamma}{c} = \frac{b \cdot \sin\alpha}{a}$$

$$\alpha = \text{Arcsin } \frac{b \cdot \sin\gamma}{c} = \text{Arcsin } \frac{b \cdot \sin\alpha}{a}$$

$$\sin\gamma = \frac{c \cdot \sin\alpha}{a} = \frac{c \cdot \sin\beta}{b}$$

$$\gamma = \text{Arcsin } \frac{c \cdot \sin\alpha}{a} = \text{Arcsin } \frac{c \cdot \sin\beta}{b}$$

Erläuterungen, Beispiele:

● Gegeben: $a = 6$ cm; $b = 5$ cm; $\alpha = 43°$
 Gesucht: β

$$\frac{\sin\beta}{\sin\alpha} = \frac{b}{a}; \quad \sin\beta = \frac{b \cdot \sin\alpha}{a}$$

$$\sin\beta = \frac{5 \text{ cm} \cdot \sin 43°}{6 \text{ cm}} = 0,5683$$

$$\beta = \text{Arcsin } 0,5683$$

$$\beta = \mathbf{34,63°}$$

Kosinussatz:

In einem beliebigen Dreieck gilt:

$$a^2 = b^2 + c^2 - 2bc \cdot \cos\alpha$$
$$b^2 = a^2 + c^2 - 2ac \cdot \cos\beta$$
$$c^2 = a^2 + b^2 - 2ab \cdot \cos\gamma$$

Formelumstellungen:

$$a = \sqrt{b^2 + c^2 - 2bc \cdot \cos\alpha}$$
$$b = \sqrt{a^2 + c^2 - 2ac \cdot \cos\beta}$$
$$c = \sqrt{a^2 + b^2 - 2ab \cdot \cos\gamma}$$

$$\cos\alpha = \frac{b^2 + c^2 - a^2}{2bc}; \quad \alpha = \text{Arccos}\,\frac{b^2 + c^2 - a^2}{2bc}$$

$$\cos\beta = \frac{a^2 + c^2 - b^2}{2ac}; \quad \beta = \text{Arccos}\,\frac{a^2 + c^2 - b^2}{2ac}$$

$$\cos\gamma = \frac{a^2 + b^2 - c^2}{2ab}; \quad \gamma = \text{Arccos}\,\frac{a^2 + b^2 - c^2}{2ab}$$

- Gegeben: $c = 6$ cm, $b = 4$ cm, $\alpha = 32°$
  Gesucht: a

$$a = \sqrt{b^2 + c^2 - 2bc \cdot \cos\alpha}$$
$$= \sqrt{36\,\text{cm}^2 + 16\,\text{cm}^2 - 2 \cdot 6\,\text{cm} \cdot 4\,\text{cm} \cdot \cos 32°}$$
$$= \sqrt{11{,}29\,\text{cm}^2}$$
$$= \mathbf{3{,}36\ cm}$$

- Gegeben: $a = 8$ cm, $b = 6$ cm, $c = 7$ cm
  Gesucht: γ

$$\cos\gamma = \frac{a^2 + b^2 - c^2}{2ab}$$
$$= \frac{64\,\text{cm}^2 + 36\,\text{cm}^2 - 49\,\text{cm}^2}{2 \cdot 8\,\text{cm} \cdot 6\,\text{cm}}$$
$$= 0{,}5313$$
$$\gamma = \text{Arccos}\,0{,}5313 = \mathbf{57{,}91°}$$

Regel	Erläuterungen, Beispiele

Tangenssatz

In einem beliebigen Dreieck gilt:

$$\frac{a+b}{a-b} = \frac{\tan\frac{\alpha+\beta}{2}}{\tan\frac{\alpha-\beta}{2}} = \frac{\cot\frac{\gamma}{2}}{\tan\frac{\alpha-\beta}{2}}$$

$$\frac{b+c}{b-c} = \frac{\tan\frac{\beta+\gamma}{2}}{\tan\frac{\beta-\gamma}{2}} = \frac{\cot\frac{\alpha}{2}}{\tan\frac{\beta-\gamma}{2}}$$

$$\frac{a+c}{a-c} = \frac{\tan\frac{\alpha+\gamma}{2}}{\tan\frac{\alpha-\gamma}{2}} = \frac{\cot\frac{\beta}{2}}{\tan\frac{\alpha-\gamma}{2}}$$

Mollweidesche Gleichungen

In einem beliebigen Dreieck gilt:

$$\frac{a+b}{c} = \frac{\cos\frac{\alpha-\beta}{2}}{\sin\frac{\gamma}{2}} \; ; \; \frac{a-b}{c} = \frac{\sin\frac{\alpha-\beta}{2}}{\cos\frac{\gamma}{2}}$$

$$\frac{b+c}{a} = \frac{\cos\frac{\beta-\gamma}{2}}{\sin\frac{\alpha}{2}} \; ; \; \frac{b-c}{a} = \frac{\sin\frac{\beta-\gamma}{2}}{\cos\frac{\alpha}{2}}$$

$$\frac{a+c}{b} = \frac{\cos\frac{\alpha-\gamma}{2}}{\sin\frac{\beta}{2}} \; ; \; \frac{a-c}{b} = \frac{\sin\frac{\alpha-\gamma}{2}}{\cos\frac{\beta}{2}}$$

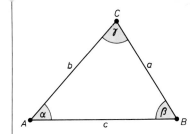

Regel	Erläuterungen, Beispiele

Halbwinkelsätze

In einem beliebigen Dreieck gilt:

$$\sin\frac{\alpha}{2} = \sqrt{\frac{(s-b)(s-c)}{bc}} \quad ; \quad s = \frac{a+b+c}{2}$$

$$\sin\frac{\beta}{2} = \sqrt{\frac{(s-a)(s-c)}{ac}}$$

$$\sin\frac{\gamma}{2} = \sqrt{\frac{(s-a)(s-b)}{ab}}$$

$$\alpha = 2 \cdot \text{Arcsin}\sqrt{\frac{(s-b)(s-c)}{bc}}$$

$$\beta = 2 \cdot \text{Arcsin}\sqrt{\frac{(s-a)(s-c)}{ac}}$$

$$\gamma = 2 \cdot \text{Arcsin}\sqrt{\frac{(s-a)(s-b)}{ab}}$$

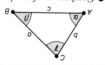

● Gegeben: $a = 5\,\text{cm}$, $b = 4\,\text{cm}$, $c = 6\,\text{cm}$

Gesucht: α

$$s = \frac{a+b+c}{2} = \frac{5\,\text{cm}+4\,\text{cm}+6\,\text{cm}}{2} = 7{,}5\,\text{cm}$$

$$\alpha = 2 \cdot \text{Arcsin}\sqrt{\frac{(s-b)(s-c)}{bc}}$$

$$= 2 \cdot \text{Arcsin}\sqrt{\frac{(7{,}5-4)(7{,}5-6)}{4 \cdot 6}}$$

$$= 2 \cdot \text{Arcsin}\, 0{,}4677$$

$$\alpha = \mathbf{55{,}77°}$$

$$\cos\frac{\alpha}{2} = \sqrt{\frac{s(s-a)}{bc}}$$

$$\cos\frac{\beta}{2} = \sqrt{\frac{s(s-b)}{ac}}$$

$$\cos\frac{\gamma}{2} = \sqrt{\frac{s(s-c)}{ab}}$$

$$\alpha = 2 \cdot \mathrm{Arccos}\sqrt{\frac{s(s-a)}{bc}}$$

$$\beta = 2 \cdot \mathrm{Arccos}\sqrt{\frac{s(s-b)}{ac}}$$

$$\gamma = 2 \cdot \mathrm{Arccos}\sqrt{\frac{s(s-c)}{ab}}$$

- Gegeben: $a = 4$ cm, $b = 6$ cm, $c = 7$ cm
  Gesucht: γ

  $$s = \frac{a+b+c}{2} = \frac{4\,\mathrm{cm} + 6\,\mathrm{cm} + 7\,\mathrm{cm}}{2} = 8{,}5 \text{ cm}$$

  $$\begin{aligned}\gamma &= 2 \cdot \mathrm{Arccos}\sqrt{\frac{s(s-c)}{ab}} \\ &= 2 \cdot \mathrm{Arccos}\sqrt{\frac{8{,}5\,\mathrm{cm}\,(8{,}5\,\mathrm{cm} - 7\,\mathrm{cm})}{4\,\mathrm{cm} \cdot 6\,\mathrm{cm}}} \\ &= 2 \cdot \mathrm{Arccos}\,0{,}7289 \\ \gamma &= \mathbf{86{,}41°}\end{aligned}$$

Regel	Erläuterungen, Beispiele
$\tan\dfrac{\alpha}{2} = \sqrt{\dfrac{(s-b)(s-c)}{s(s-a)}} = \dfrac{\varrho}{s-a}$ $\tan\dfrac{\beta}{2} = \sqrt{\dfrac{(s-a)(s-c)}{s(s-b)}} = \dfrac{\varrho}{s-b}$ $\tan\dfrac{\gamma}{2} = \sqrt{\dfrac{(s-a)(s-b)}{s(s-c)}} = \dfrac{\varrho}{s-c}$ $\varrho = \sqrt{\dfrac{(s-a)\cdot(s-b)(s-c)}{s}}$ Formelumstellungen: $\alpha = 2\cdot\text{Arctan}\sqrt{\dfrac{(s-b)(s-c)}{s(s-a)}}$	$s = \dfrac{a+b+c}{2}$; ϱ Inkreisradius

$$\alpha = 2 \cdot \operatorname{Arctan} \frac{\varrho}{s-a}$$

$$\beta = 2 \cdot \operatorname{Arctan} \sqrt{\frac{(s-a)(s-c)}{s(s-b)}}$$

$$\beta = 2 \cdot \operatorname{Arctan} \frac{\varrho}{s-b}$$

$$\gamma = 2 \cdot \operatorname{Arctan} \sqrt{\frac{(s-a)(s-b)}{s(s-c)}}$$

$$\gamma = 2 \cdot \operatorname{Arctan} \frac{\varrho}{s-c}$$

$$\varrho = (s-a) \cdot \tan \frac{\alpha}{2}$$

$$\varrho = (s-b) \cdot \tan \frac{\beta}{2}$$

$$\varrho = (s-c) \cdot \tan \frac{\gamma}{2}$$

- Gegeben: $a = 5{,}4$ cm; $b = 4{,}8$ cm; $c = 5{,}8$ cm
  Gesucht: α; ϱ

$$s = \frac{a+b+c}{2} = 8 \text{ cm}$$

$$\alpha = 2 \cdot \operatorname{Arctan} \sqrt{\frac{(s-b)(s-c)}{s(s-a)}}$$

$$\alpha = 2 \cdot \operatorname{Arctan} \sqrt{\frac{(8-4{,}8)(8-5{,}8)}{8(8-5{,}4)}}$$

$$\alpha = 2 \cdot \operatorname{Arctan} 0{,}5818 = \mathbf{60{,}38°}$$

$$\varrho = (s-a) \cdot \tan \frac{\alpha}{2}$$

$$\varrho = (8 - 5{,}4 \text{ cm}) \cdot \tan \frac{60{,}38°}{2}$$

$$\varrho = 2{,}6 \text{ cm} \cdot 0{,}5818 = \mathbf{1{,}51 \text{ cm}}$$

Regel	Erläuterungen, Beispiele
Dreiecksfläche	
$A = \dfrac{a+b+c}{2}$; $s = \dfrac{a+b+c}{2}$	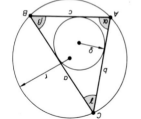
$A = \sqrt{s(s-a)(s-b)(s-c)}$	
$A = \dfrac{1}{2} ab \cdot \sin \gamma$	Gegeben: $a = 5$ cm; $b = 3$ cm; $\gamma = 60°$
$A = \dfrac{1}{2} bc \cdot \sin \alpha$	Gesucht: A
$A = \dfrac{1}{2} ac \cdot \sin \beta$	$A = \dfrac{1}{2} ab \cdot \sin \gamma$
$A = 2r^2 \cdot \sin \alpha \cdot \sin \beta \cdot \sin \gamma$	$= \dfrac{1}{2} \cdot 5 \text{ cm} \cdot 3 \text{ cm} \cdot \sin 60°$
$A = \dfrac{abc}{4r}$	$= 7{,}5 \text{ cm}^2 \cdot 0{,}866 = 6{,}495 \text{ cm}^2$

Formelumstellungen:

$$a = \frac{2A}{b \cdot \sin\gamma}; \quad b = \frac{2A}{a \cdot \sin\gamma}$$

$$b = \frac{2A}{c \cdot \sin\alpha}; \quad c = \frac{2A}{b \cdot \sin\alpha}$$

$$a = \frac{2A}{c \cdot \sin\beta}; \quad c = \frac{2A}{a \cdot \sin\beta}$$

$$r = \sqrt{\frac{A}{2 \cdot \sin\alpha \cdot \sin\beta \cdot \sin\gamma}}$$

$$\alpha = \text{Arcsin}\,\frac{2A}{bc}\,; \quad \beta = \text{Arcsin}\,\frac{2A}{ac}$$

$$\gamma = \text{Arcsin}\,\frac{2A}{ab}$$

- Wie groß ist der Winkel γ eines Dreiecks mit der Fläche $A = 12\ cm^2$ und den Seiten $a = 6\ cm$ und $b = 4,5\ cm$?

$$\gamma = \text{Arcsin}\,\frac{2A}{ab}$$

$$\gamma = \text{Arcsin}\,\frac{2 \cdot 12\ cm^2}{6\ cm \cdot 4,5\ cm}$$

$$\gamma = \text{Arcsin}\,0{,}8888 = \mathbf{62{,}72°}$$

- Gegeben: $A = 9\ cm^2$, $b = 3\ cm$, $\gamma = 30°$
  Gesucht: a

$$a = \frac{2A}{b \cdot \sin\gamma} = \frac{2 \cdot 9\ cm^2}{3\ cm \cdot \sin 30°}$$

$$= \frac{18\ cm^2}{3\ cm \cdot 0{,}5} = \mathbf{12\ cm}$$

Regel	Erläuterungen, Beispiele

Umkreisradius r

$$r = \frac{a}{2 \cdot \sin\alpha} = \frac{b}{2 \cdot \sin\beta} = \frac{c}{2 \cdot \sin\gamma}$$

$$s = 4r \cdot \cos\frac{\alpha}{2} \cdot \cos\frac{\beta}{2} \cdot \cos\frac{\gamma}{2}$$

Formelumstellungen:

$$a = 2 \cdot r \cdot \sin\alpha; \quad b = 2 \cdot r \cdot \sin\beta$$
$$c = 2 \cdot r \cdot \sin\gamma$$

$$r = \frac{s}{4 \cos\frac{\alpha}{2} \cdot \cos\frac{\beta}{2} \cdot \sin\frac{\gamma}{2}}$$

$$\alpha = \text{Arcsin}\frac{a}{2r}; \quad \beta = \text{Arcsin}\frac{b}{2r}$$
$$\gamma = \text{Arcsin}\frac{c}{2r}$$

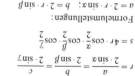

Inkreisradius ϱ

$$\varrho = 4r \cdot \sin\frac{\alpha}{2} \cdot \sin\frac{\beta}{2} \cdot \sin\frac{\gamma}{2}$$

$$\varrho = (s-a) \cdot \tan\frac{\alpha}{2} = (s-b) \cdot \tan\frac{\beta}{2} =$$

$$= (s-c) \cdot \tan\frac{\gamma}{2}$$

$$\varrho = s \cdot \tan\frac{\alpha}{2} \cdot \tan\frac{\beta}{2} \cdot \tan\frac{\gamma}{2}$$

$$\varrho = \frac{abc}{4rs}$$

Formelumstellungen:

$$r = \frac{\varrho}{4 \cdot \sin\frac{\alpha}{2} \cdot \sin\frac{\beta}{2} \cdot \sin\frac{\gamma}{2}}$$

$$a = \frac{4rs\varrho}{bc}; \quad b = \frac{4rs\varrho}{ac}; \quad c = \frac{4rs\varrho}{ab}$$

- In einem Dreieck sind die Seiten $a = 5{,}4$ cm, $b = 4{,}8$ cm und $c = 5{,}8$ cm gegeben; $\alpha = 60°$. Wie groß sind der Inkreis- und der Umkreisradius?

Umkreisradius r

$$r = \frac{a}{2 \cdot \sin\alpha} = \frac{5{,}4 \text{ cm}}{2 \cdot \sin 60°}$$

$$= \mathbf{3{,}12 \text{ cm}}$$

Inkreisradius ϱ

$$\varrho = \frac{abc}{4rs}; \quad s = \frac{a+b+c}{2} = 8 \text{ cm}$$

$$\varrho = \frac{5{,}4 \text{ cm} \cdot 4{,}8 \text{ cm} \cdot 5{,}8 \text{ cm}}{4 \cdot 3{,}12 \text{ cm} \cdot 8 \text{ cm}}$$

$$= \mathbf{1{,}51 \text{ cm}}$$

Regel	Erläuterungen, Beispiele
Ankreisradien	
$\varrho_a = s \cdot \tan\frac{\alpha}{2} = \dfrac{a \cdot \cos\frac{\beta}{2} \cdot \cos\frac{\gamma}{2}}{\cos\frac{\alpha}{2}}$	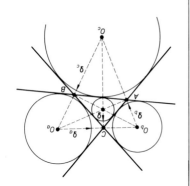
$\varrho_b = s \cdot \tan\frac{\beta}{2} = \dfrac{b \cdot \cos\frac{\alpha}{2} \cdot \cos\frac{\gamma}{2}}{\cos\frac{\beta}{2}}$	
$\varrho_c = s \cdot \tan\frac{\gamma}{2} = \dfrac{c \cdot \cos\frac{\alpha}{2} \cdot \cos\frac{\beta}{2}}{\cos\frac{\gamma}{2}}$	

Seitenhalbierende

$$s_a = \frac{1}{2}\sqrt{b^2 + c^2 + 2bc \cdot \cos\alpha}$$

$$s_b = \frac{1}{2}\sqrt{a^2 + c^2 + 2ac \cdot \cos\beta}$$

$$s_c = \frac{1}{2}\sqrt{a^2 + b^2 + 2ab \cdot \cos\gamma}$$

Formelumstellungen:

$$\alpha = \text{Arccos}\ \frac{4s_a^2 - b^2 - c^2}{2bc}$$

$$\beta = \text{Arccos}\ \frac{4s_b^2 - a^2 - c^2}{2ac}$$

$$\gamma = \text{Arccos}\ \frac{4s_c^2 - a^2 - b^2}{2ab}$$

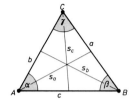

- Gegeben: $b = 5$ cm, $c = 7$ cm, $\alpha = 30°$

  Gesucht: s_a

$$s_a = \frac{1}{2} \cdot \sqrt{b^2 + c^2 + 2bc \cdot \cos\alpha}$$

$$= \frac{1}{2}\sqrt{5^2 + 7^2 + 2 \cdot 5 \cdot 7 \cdot \cos 30°}$$

$$= \frac{1}{2}\sqrt{134{,}62\ \text{cm}^2} = \mathbf{5{,}801\ cm}$$

Regel	Erläuterungen, Beispiele

Höhen

$h_a = b \cdot \sin\gamma = c \cdot \sin\beta$

$h_b = a \cdot \sin\gamma = c \cdot \sin\alpha$

$h_c = a \cdot \sin\beta = b \cdot \sin\alpha$

Formelumstellungen:

$a = \dfrac{h_b}{\sin\gamma} = \dfrac{h_c}{\sin\beta}$

$b = \dfrac{h_a}{\sin\gamma} = \dfrac{h_c}{\sin\alpha}$

$c = \dfrac{h_a}{\sin\beta} = \dfrac{h_b}{\sin\alpha}$

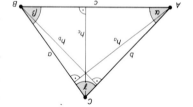

● Wie groß ist die Höhe h_a eines Dreiecks mit der Seite $b = 6$ cm und dem Winkel $\gamma = 65°$?

$h_a = b \cdot \sin\gamma$
$ = 6 \text{ cm} \cdot \sin 65°$
$ = 6 \text{ cm} \cdot 0{,}9063 =$ **5,44 cm**

$$\alpha = \operatorname{Arcsin} \frac{h_b}{c} = \operatorname{Arcsin} \frac{h_c}{b}$$

$$\beta = \operatorname{Arcsin} \frac{h_c}{a} = \operatorname{Arcsin} \frac{h_a}{c}$$

$$\gamma = \operatorname{Arcsin} \frac{h_a}{b} = \operatorname{Arcsin} \frac{h_b}{a}$$

- Wie groß ist die Seite b in einem Dreieck mit der Höhe $h_c = 3$ cm und dem Winkel $\alpha = 40°$?

$$b = \frac{h_c}{\sin \alpha} = \frac{3 \text{ cm}}{\sin 40°}$$

$$= \frac{3 \text{ cm}}{0{,}6428} = \mathbf{4{,}67 \text{ cm}}$$

- Wie groß ist der Winkel γ eines Dreiecks mit der Höhe $h_a = 4$ cm und der Seite $b = 5{,}5$ cm?

$$\sin \gamma = \frac{h_a}{b} = \frac{4 \text{ cm}}{5{,}5 \text{ cm}}$$

$$= 0{,}7273$$

$$\gamma = \operatorname{Arcsin} 0{,}7273$$

$$= \mathbf{46{,}66°}$$

Regel	Erläuterungen, Beispiele

Winkelhalbierende

$$w_\alpha = \frac{2bc \cdot \cos \frac{\alpha}{2}}{b+c}$$

$$w_\beta = \frac{2ac \cdot \cos \frac{\beta}{2}}{a+c}$$

$$w_\gamma = \frac{2ab \cdot \cos \frac{\gamma}{2}}{a+b}$$

Formelumstellungen:

$$a = \frac{b\,w_\gamma}{2b \cdot \cos \frac{\gamma}{2} - w_\gamma} = \frac{c\,w_\beta}{2c \cdot \cos \frac{\beta}{2} - w_\beta}$$

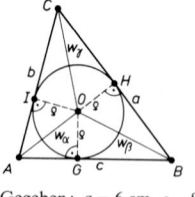

● Gegeben: $a = 6$ cm, $c = 8$ cm, $\beta = 50°$
Gesucht: w_β

$$w_\beta = \frac{2ac \cdot \cos \frac{\beta}{2}}{a+c}$$

$$= \frac{2 \cdot 6 \text{ cm} \cdot 8 \text{ cm} \cdot \cos 25°}{6 \text{ cm} + 8 \text{ cm}}$$

$$= 6{,}21 \text{ cm}$$

$$b = \frac{aw_\gamma}{2a \cdot \cos\frac{\gamma}{2} - w_\gamma} = \frac{cw_\gamma}{2c \cdot \cos\frac{\alpha}{2} - w_\alpha}$$

$$c = \frac{aw_\beta}{2a \cdot \cos\frac{\beta}{2} - w_\beta} = \frac{bw_\alpha}{2b \cdot \cos\frac{\alpha}{2} - w_\alpha}$$

$$\alpha = 2 \cdot \text{Arc}\cos\frac{w_\alpha(b+c)}{2bc}$$

$$\beta = 2 \cdot \text{Arc}\cos\frac{w_\beta(a+c)}{2ac}$$

$$\gamma = 2 \cdot \text{Arc}\cos\frac{w_\gamma(a+b)}{2ab}$$

- Gegeben: $a = 3$ cm, $w_\gamma = 5$ cm, $\gamma = 40°$
  Gesucht: b

  $$b = \frac{aw_\gamma}{2a \cdot \cos\frac{\gamma}{2} - w_\gamma} = \frac{3\,\text{cm} \cdot 5\,\text{cm}}{2 \cdot 3\,\text{cm} \cdot \cos 20° - 5\,\text{cm}}$$

  $$= \textbf{23,51 cm}$$

- Gegeben: $b = 4$ cm, $a = 6$ cm, $w_\gamma = 3$ cm
  Gesucht: γ

  $$\gamma = 2 \cdot \text{Arc}\cos\frac{w_\gamma(a+b)}{2ab}$$

  $$= 2 \cdot \text{Arc}\cos\frac{3\,\text{cm}\,(6\,\text{cm} + 4\,\text{cm})}{2 \cdot 4\,\text{cm} \cdot 6\,\text{cm}}$$

  $$= 2 \cdot \text{Arc}\cos 0{,}625$$

  $$= 2 \cdot 51{,}32° = \textbf{102,64°}$$

11. Die Arcusfunktionen

11.1 Die Graphen der Arcusfunktionen

Regel	Erläuterungen, Beispiele
Die Umkehrrelationen der trigonometrischen Funktionen sind keine Funktionen. Werden die Definitionsbereiche der trigonometrischen Funktionen auf Intervalle beschränkt, in denen die Funktionen streng monoton steigen oder fallen, so erhält man Umkehrfunktionen. Die Umkehrfunktionen der trigonometrischen Funktionen werden als Arcusfunktionen bezeichnet.	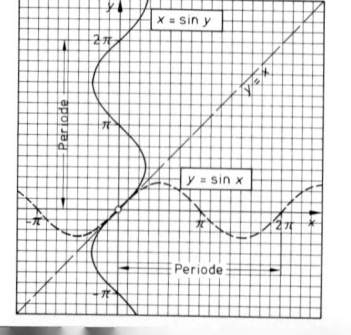

Arcussinusfunktion

Die Funktion mit der Gleichung $y = \operatorname{Arc}\sin x$ heißt Arcussinusfunktion. Sie ist die Umkehrfunktion zur Funktion $f: x \mapsto \sin x$.

Zur Angabe der Umkehrfunktion gehört immer die Angabe des Definitions- und Wertebereichs, damit klar ist, in welchem Intervall die Sinusfunktion umgekehrt wurde.

Fehlen diese Angaben, so ist unter $\operatorname{Arc}\sin x$ immer der Hauptwert zu verstehen

$$\left(-\frac{\pi}{2} \leq \text{Hauptwert} \leq \frac{\pi}{2}\right).$$

Hauptwerte der Arcussinusfunktion

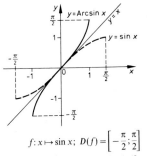

$$f: x \mapsto \sin x; \ D(f) = \left[-\frac{\pi}{2}; \frac{\pi}{2}\right]$$
$$W(f) = [-1; 1]$$
$$f^{-1}: x \mapsto \operatorname{Arc}\sin x; \ D(f^{-1}) = [-1; 1]$$
$$W(f^{-1}) = \left[-\frac{\pi}{2}; \frac{\pi}{2}\right]$$

Regel	Erläuterungen, Beispiele

Arccosinusfunktion

Die Funktion mit der Gleichung $y = \text{Arc} \cos x$ heißt Arccosinusfunktion.
Sie ist die Umkehrfunktion zur Funktion $f: x \mapsto \cos x$.

Hauptwerte der Arccosinusfunktion:

$f: x \mapsto \cos x; \; D(f) = [0; \pi]$
$W(f) = [-1; 1]$

$f^{-1}: x \mapsto \text{Arc} \cos x; \; D(f^{-1}) = [-1; 1]$
$W(f^{-1}) = [0; \pi]$

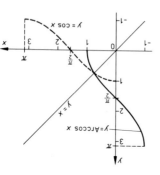

Arcustangensfunktion

Die Funktion mit der Gleichung $y = \text{Arc} \tan x$ heißt Arcustangensfunktion.

Sie ist die Umkehrfunktion zur Funktion $f: x \mapsto \tan x$.

Hauptwerte der Arcustangensfunktion:

$f: x \mapsto \tan x; \ D(f) = \left(-\dfrac{\pi}{2}; \dfrac{\pi}{2}\right)$

$\qquad W(f) = \mathbb{R}$

$f^{-1}: x \mapsto \text{Arc} \tan x; \ D(f^{-1}) = \mathbb{R}$

$\qquad W(f^{-1}) = \left(-\dfrac{\pi}{2}; \dfrac{\pi}{2}\right)$

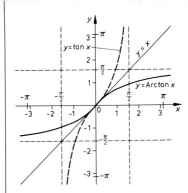

Regel	Erläuterungen, Beispiele

Arcuscotangensfunktion

Die Funktion mit der Gleichung $y = \operatorname{Arccot} x$ heißt Arcuscotangensfunktion.

Sie ist die Umkehrfunktion zur Funktion $f: x \mapsto \cot x$.

Hauptwerte der Arcuscotangensfunktion:

$f: x \mapsto \cot x;\ D(f) = (0; \pi)$
$W(f) = \mathbb{R}$

$f^{-1}: x \mapsto \operatorname{Arc}\cot x;\ D(f^{-1}) = \mathbb{R}$
$W(f^{-1}) = (0; \pi)$

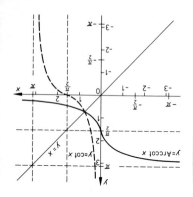

11.2 Zusammenhang zwischen den Arcusfunktionen

Regel	Regel
Gültig für die Hauptwerte: $$\text{Arcsin}\,x = \frac{\pi}{2} - \text{Arccos}\,x$$ $$= \text{Arctan}\frac{x}{\sqrt{1-x^2}}$$ $$\text{Arccos}\,x = \frac{\pi}{2} - \text{Arcsin}\,x$$ $$= \text{Arccot}\frac{x}{\sqrt{1-x^2}}$$ $$\text{Arctan}\,x = \frac{\pi}{2} - \text{Arccot}\,x$$ $$= \text{Arcsin}\frac{x}{\sqrt{1+x^2}}$$	$$\text{Arccot}\,x = \frac{\pi}{2} - \text{Arctan}\,x$$ $$= \text{Arccos}\frac{x}{\sqrt{1+x^2}}$$ Allgemeingültige Beziehungen: $$\text{Arccot}\,x = \text{Arctan}\frac{1}{x} \quad \text{für } x > 0$$ $$\text{Arccot}\,x = \text{Arctan}\frac{1}{x} + \pi \quad \text{für } x < 0$$

11.3 Summen und Differenzen von Arcusfunktionen

Regel
$\operatorname{Arcsin} x_1 + \operatorname{Arcsin} x_2 = \operatorname{Arcsin}(x_1 \cdot \sqrt{1 - x_2^2} + x_2 \cdot \sqrt{1 - x_1^2})$ für $x_1^2 + x_2^2 \leq 1$
$\operatorname{Arcsin} x_1 - \operatorname{Arcsin} x_2 = \operatorname{Arcsin}(x_1 \cdot \sqrt{1 - x_2^2} - x_2 \cdot \sqrt{1 - x_1^2})$ für $x_1^2 + x_2^2 \leq 1$
$\operatorname{Arccos} x_1 + \operatorname{Arccos} x_2 = \operatorname{Arccos}(x_1 \cdot x_2 - \sqrt{1 - x_1^2} \cdot \sqrt{1 - x_2^2})$ für $x_1 + x_2 \geq 0$
$\operatorname{Arccos} x_1 - \operatorname{Arccos} x_2 = -\operatorname{Arccos}(x_1 x_2 + \sqrt{1 - x_1^2} \cdot \sqrt{1 - x_2^2})$ für $x_1 \geq x_2$
$\phantom{\operatorname{Arccos} x_1 - \operatorname{Arccos} x_2} = \operatorname{Arccos}(x_1 x_2 + \sqrt{1 - x_1^2} \cdot \sqrt{1 - x_2^2})$ für $x_1 < x_2$
$\operatorname{Arctan} x_1 + \operatorname{Arctan} x_2 = \operatorname{Arctan} \dfrac{x_1 + x_2}{1 - x_1 x_2}$ für $x_1 \cdot x_2 < 1$
$\operatorname{Arctan} x_1 - \operatorname{Arctan} x_2 = \operatorname{Arctan} \dfrac{x_1 - x_2}{1 + x_1 x_2}$ für $x_1 \cdot x_2 > -1$
$\operatorname{Arccot} x_1 + \operatorname{Arccot} x_2 = \operatorname{Arccot} \dfrac{x_1 x_2 - 1}{x_1 + x_2}$ für $x_1 \neq -x_2$
$\operatorname{Arccot} x_1 - \operatorname{Arccot} x_2 = \operatorname{Arccot} \dfrac{1 + x_1 x_2}{x_2 - x_1}$ für $x_1 \neq x_2$

11.4 Arcusfunktionen negativer Argumente

Regel	Regel
$\text{Arcsin}(-x) = -\text{Arcsin}\, x$ $\text{Arctan}(-x) = -\text{Arctan}\, x$	$\text{Arccos}(-x) = \pi - \text{Arccos}\, x$ $\text{Arccot}(-x) = \pi - \text{Arccot}\, x$

12. Winkelfunktionen und komplexe Zahlen

Regel	Erläuterungen, Beispiele
Zahlen der Form $z = a + bi$; a, $b \in \mathbb{R}$ und $i^2 = -1$ heißen komplexe Zahlen.	a heißt Realteil der komplexen Zahl.
	b heißt Imaginärteil der komplexen Zahl.

$$i^2 = -1 \Leftrightarrow i = \sqrt{-1}$$

$\mathbb{C}$ Menge der komplexen Zahlen

Komplexe Zahlen können in der Gaußschen Zahlenebene als Zeiger dargestellt werden.

$r = |z|$ heißt Betrag (Modul) der komplexen Zahl.

φ heißt Argument (Phase) der komplexen Zahl.

- $z = 4 + 3i \Rightarrow$ 4 Realteil
  3 Imaginärteil

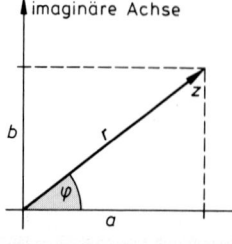

Goniometrische Form einer komplexen Zahl:

$z = a + b\mathrm{i}$
$\quad = r(\cos\varphi + \mathrm{i}\cdot\sin\varphi)$
$|z| = r = \sqrt{a^2 + b^2}$
$a = r\cdot\cos\varphi$
$b = r\cdot\sin\varphi$
$\tan\varphi = \dfrac{b}{a}$

$\cos\varphi = \dfrac{a}{r} \Rightarrow \varphi = \mathrm{Arccos}\ \dfrac{a}{r}$

$\sin\varphi = \dfrac{b}{r} \Rightarrow \varphi = \mathrm{Arccos}\ \dfrac{b}{r}$

- Wie lautet die goniometrische Form der komplexen Zahl
  $z = 4 + 3\mathrm{i}$?
  $r = \sqrt{a^2 + b^2} = \sqrt{4^2 + 3^2} = \sqrt{25} = 5$

  $\tan\varphi = \dfrac{b}{a}$
  $\quad\quad = \dfrac{3}{4} = 0{,}75$

  $\varphi = \mathrm{Arctan}\ \dfrac{b}{a}$
  $\quad = \mathrm{Arctan}\ 0{,}75 = 36{,}87°$
  $z = 5(\cos 36{,}87° + \mathrm{i}\cdot\sin 36{,}87°)$

Regel	Erläuterungen, Beispiele
Multiplikation komplexer Zahlen $z_1 = r_1 (\cos \varphi_1 + i \cdot \sin \varphi_1)$ $z_2 = r_2 (\cos \varphi_2 + i \cdot \sin \varphi_2)$ $z_1 \cdot z_2 = r_1 \cdot r_2 [\cos (\varphi_1 + \varphi_2) + i \cdot \sin (\varphi_1 + \varphi_2)]$ **Division komplexer Zahlen** $\dfrac{z_1}{z_2} = \dfrac{r_1}{r_2} [\cos (\varphi_1 - \varphi_2) + i \cdot \sin (\varphi_1 - \varphi_2)]$	● Gegeben: $z_1 = 5 \cdot (\sin 30° + i \cdot \cos 30°)$ $\qquad\qquad z_2 = 4 \cdot (\sin 15° + i \cdot \cos 15°)$ Gesucht: $z_1 \cdot z_2$ und $\dfrac{z_1}{z_2}$ $\begin{aligned} z_1 \cdot z_2 &= r_1 \cdot r_2 [\cos (\varphi_1 + \varphi_2) + i \sin (\varphi_1 + \varphi_2)] \\ &= 5 \cdot 4 [\cos 45° + i \cdot \sin 45°] \\ &= 20 \cdot [0{,}707 + i \cdot \sin 0{,}707] \\ &= 14{,}142 + i \cdot 14{,}142 \end{aligned}$ $\begin{aligned} \dfrac{z_1}{z_2} &= \dfrac{r_1}{r_2} [\cos (\varphi_1 - \varphi_2) + i \cdot \sin (\varphi_1 - \varphi_2)] \\ &= \dfrac{5}{4} [\cos 15° + i \cdot \sin 15°] \\ &= 1{,}25 \cdot [0{,}966 + i \cdot 0{,}258] = 1{,}21 + i \cdot 0{,}32 \end{aligned}$

Potenzen und Wurzeln komplexer Zahlen

$z = r \cdot (\cos\varphi + i \cdot \sin\varphi)$

$z^n = r^n \cdot [\cos(n \cdot \varphi) + i \cdot \sin(n \cdot \varphi)]$

$\sqrt[n]{z} = \sqrt[n]{r} \cdot \left(\cos\dfrac{\varphi + k \cdot 360°}{n} + i \cdot \sin\dfrac{\varphi + k \cdot 360°}{n} \right)$

mit $\quad k \in \{0, 1, 2, 3, \ldots, (n-1)\}$

$\sqrt[n]{1} = \cos\dfrac{k \cdot 360°}{n} + i \cdot \sin\dfrac{k \cdot 360°}{n}$

$\sqrt[n]{-1} = \cos\dfrac{180° + k \cdot 360°}{n} + i \cdot \sin\dfrac{180° + k \cdot 360°}{n}$

$\quad k \in \{0, 1, 2, 3, \ldots, (n-1)\}$

- $z = 4 \cdot (\sin 20° + i \cdot \cos 20°)$
  $z^3 = 4^3 \cdot (\sin(3 \cdot 20°) + i \cdot \cos(3 \cdot 20°))$
  $z^3 = 64 \cdot (\sin 60° + i \cdot \cos 60°)$
  $z^3 = 55{,}42 + i \cdot 32$

- $\sqrt[3]{1} = 1 \cdot \left(\cos\dfrac{k \cdot 360°}{3} + i \cdot \sin\dfrac{k \cdot 360°}{3} \right)$

  $k = 0 \quad$ ergibt den Hauptwert $z_1 = 1$
  $k = 1 \quad z_2 = \cos 120° + i \cdot \sin 120°$
  $\qquad\quad = -0{,}5 + i \cdot 0{,}866$
  $k = 2 \quad z_3 = \cos 240° + i \cdot \sin 240°$
  $\qquad\quad = -0{,}5 + i \cdot 0{,}866$

Regel	Erläuterungen, Beispiele

Eulersche Formel

$e^{i \cdot \varphi} = \cos \varphi + i \cdot \sin \varphi$

$e^{-i \cdot \varphi} = \cos \varphi - i \cdot \sin \varphi$

$z = a + b \cdot i = r \cdot (\cos \varphi + i \cdot \sin \varphi)$

$\quad = r \cdot e^{i \cdot \varphi}$

$\cos \varphi = \dfrac{1}{2}(e^{i \cdot \varphi} + e^{-i \cdot \varphi})$

$\sin \varphi = \dfrac{1}{2i}(e^{i \cdot \varphi} - e^{-i \cdot \varphi})$

- $z_1 = e^{i \cdot \pi} = \cos \pi + i \cdot \sin \pi$
- $z_1 = -1$
- $z_2 = 5 \cdot e^{i \cdot 30°}$

  $\quad = 5 \cdot (\cos 30° + i \cdot \sin 30°)$

  $\quad = 5 \cdot (0{,}866 + 0{,}5 \cdot i)$

  $\quad = 4{,}33 + 0{,}5 \cdot i$

hält griffbereit, was man zum Nachschlagen in Aus- und Fortbildung braucht. Weitere Bände aus der Reihe:

Formelsammlung Mathematik 1 – Arithmetik/Algebra • ISBN 3-464-49756-9
Formelsammlung Mathematik 2 – Geometrie • ISBN 3-464-49757-7
Formelsammlung Mathematik 3 – Trigonometrie • ISBN 3-464-49758-5
Formelsammlung Physik • ISBN 3-464-49759-3
Formelsammlung Elektronik • ISBN 3-464-49764-X
Formelsammlung Chemie 1 – Anorganische Chemie • ISBN 3-464-49760-7
Formelsammlung Chemie 2 – Organische Chemie • ISBN 3-464-49761-5

Erhältlich im Buchhandel. Nähere Informationen auf Wunsch vom Verlag.
Cornelsen Verlag • Vertrieb Fachbuch • Postfach 33 01 09 • D-14171 Berlin

hält griffbereit, was man zum Nachschlagen in Aus- und Fortbildung braucht. Zum aktuellen Thema in der Reihe:

Reinhard Zinner
Qualitätsmanagement
ISBN 3-464-49752-6

Mit diesem Band lassen sich Begriffe klären, Verfahrensschritte nachlesen, statistische Formeln ermitteln – nachvollziehbar aufbereitet mit konkreten Beispielen.

Erhältlich im Buchhandel. Nähere Informationen auf Wunsch vom Verlag.
Cornelsen Verlag • Vertrieb Fachbuch • Postfach 33 01 09 • D-14171 Berlin

Raum für Notizen

Raum für Notizen

Raum für Notizen

Raum für Notizen

Raum für Notizen

Raum für Notizen

Raum für Notizen

Raum für Notizen

Raum für Notizen

Raum für Notizen